Bibliografische Information der Deutschen Nationalbibliothek:

Die Deutsche Bibliothek verzeichnet diese Publikation in der Deutschen National-bibliografie; detaillierte bibliografische Daten sind im Internet über http://dnb.d-nb.de/ abrufbar.

Impressum:

Copyright © 2013 GRIN Verlag
Druck und Bindung: Books on Demand GmbH, Norderstedt Germany
ISBN: 9783346017703

Dieses Buch bei GRIN:

https://www.grin.com/document/499049

János Petró

Paradoxien in der Stochastik. Ursachen und Lösungsstrategien

GRIN Verlag

GRIN - Your knowledge has value

Der GRIN Verlag publiziert seit 1998 wissenschaftliche Arbeiten von Studenten, Hochschullehrern und anderen Akademikern als eBook und gedrucktes Buch. Die Verlagswebsite www.grin.com ist die ideale Plattform zur Veröffentlichung von Hausarbeiten, Abschlussarbeiten, wissenschaftlichen Aufsätzen, Dissertationen und Fachbüchern.

Besuchen Sie uns im Internet:

http://www.grin.com/

http://www.facebook.com/grincom

http://www.twitter.com/grin_com

Universität Siegen
Naturwissenschaftlich - Technische Fakultät
Department Mathematik

Paradoxien in der Stochastik

Bachelorarbeit

zur Erlangung des akademischen Grades

Bachelor of Science

im Studiengang Mathematik
an der Universität Siegen

vorgelegt von

János Petró

August 2013

Inhaltsverzeichnis

Einleitung

Paradoxien entstehen häufig dadurch, dass Alltagsverstand und mathematische Berechnungen zu widersprüchlichen Ergebnissen kommen. Dies ist in der Mathematik besonders im Bereich der Stochastik der Fall, weil deren mathematische Erkenntnisse oft nicht mit der Intuition übereinstimmen. Ursache für das Auftreten von Paradoxien sind u.a. unklare bzw. nicht berücksichtigte Definitionen, fehlende Unterscheidung von Transitivität und Intransitivität und andere logische Fehler.

Ziel dieser Arbeit ist es, durch Analyse von stochastischen Paradoxien auf Denkfehler aufmerksam zu machen, deren Ursache zu finden und diese zu beseitigen.

Die Beschäftigung mit Paradoxien ist unterhaltsam und fordert das logische Denken heraus. Es geht jedoch nicht lediglich um ein intellektuelles Spiel, sondern um die Auseinandersetzung mit fundamentalen Problemen, da Paradoxien „auf Defekte in unseren Begriffsbildungen, Theorien oder Normen(-systemen)" [10] hinweisen. Bei der Auseinandersetzung mit Paradoxien geht es also keineswegs nur um das bloße Aufzeigen von Irrtümern, sondern um zentrale Probleme in Theorien.

Gerade in der Mathematik, die als die „Königin der Wissenschaften" gilt, ist das Auftreten von Paradoxien - und damit von scheinbaren Widersprüchen - irritierend. Da sich jedoch Mathematiker bekanntlich mit Widersprüchen niemals abfinden, sondern hierin einen Anreiz sehen, das System gründlich zu überdenken und nach Verbesserungen zu suchen, ist diese Irritation sehr fruchtbar und hat zu weitreichenden Fortschritten in der Mathematik geführt: „Ohne Paradoxie wird ein Fehler vielleicht nie entdeckt. Und deshalb auch nicht beseitigt" [15]. Die Tatsache, dass scheinbar selbstverständliche Wahrheiten außer Kraft gesetzt werden, zwingt nämlich dazu, die Definition von Begriffen und die Angemessenheit und logische Kohärenz von Theorien genau zu überprüfen und sie nach Feststellung eventueller Denkfehler zu ändern. Der Physiker John Archibald Wheeler meint sogar, ohne Paradoxien gebe es überhaupt keinen wissenschaftlichen Fortschritt [15]. Unter diesem Aspekt kann man die Geschichte der Mathematik auch als eine Geschichte der Paradoxa betrachten: „Die größten Entdeckungen sind meist jene, die die größten Paradoxa lösen (denken wir nur an Darwin oder an Einstein), und zugleich sind sie oft Quellen neuer Paradoxa" [14].

Insofern sind Paradoxien zwar manchmal lästig, aber dennoch zu begrüßen, da sie die Erkenntnis voranbringen und zur Auseinandersetzung mit bislang unerschlossenen Gebieten der Mathematik führen.

Im Rahmen dieser Arbeit kann nur ein Ausschnitt aus der nicht unerheblichen Zahl der

Paradoxien behandelt werden. Dabei beziehe ich mich im Wesentlichen auf drei Paradoxien, die im Werk von Gábor Székely [14] aufgeführt werden.

Im ersten Kapitel dieser Arbeit wird der Begriff *Paradoxie* definiert und nach Darstellung der logischen Grundlagen von *Aporie* und *Antinomie* abgegrenzt. Wie auch in der Fachliteratur wird er bedeutungsgleich mit dem Begriff *Paradoxon* verwendet. Im Weiteren werden Ursachen für das Auftreten von Paradoxien und Strategien zu deren Auflösung dargelegt. Außerdem wird auf die Ursachen für das gehäufte Auftreten von Paradoxien in der Stochastik sowie auf deren Relevanz für den wissenschaftlichen Fortschritt eingegangen.

Hierauf folgt im zweiten und dritten Kapitel die Darstellung und mathematische Auflösung zweier Münzparadoxien und einer Paradoxie der Auswahl. Anschließend werden die Ursachen für das Auftreten der Paradoxien deutlich gemacht und es wird ein Ausblick auf die Anwendungsmöglichkeiten in Wissenschaft und Alltag gegeben.

Beim ersten Münzparadoxon geht es um das Auftreten von Münzwurfmustern unterschiedlicher Länge in Serien von Münzwürfen. Dabei kommt es zu der paradoxen Situation, dass der „Erwartungswert der nötigen Würfe für das erstmalige Auftreten eines Musters" und die „Wahrscheinlichkeit des früheren Auftretens eines Musters" weit auseinanderklaffen. Zur mathematischen Auflösung des Paradoxons werden *bedingte Erwartungswerte* und der *Satz vom totalen Erwartungswert* herangezogen.

Im zweiten Münzparadoxon wird ein scheinbar faires Spiel zweier Spieler um das erstmalige Auftreten eines selbstgewählten Musters in einer Münzwurfserie dargestellt. Paradoxerweise hat derjenige, der als letzter wählt, die besseren Gewinnchancen, was durch die rationelle Methode des Conway-Algorithmus' bewiesen wird.

Um ein vollkommen anderes Paradoxon handelt es sich bei dem sogenannten „Sekretärinnenproblem". Die Paradoxie besteht darin, dass man mit dem Alltagsverstand vermutet, dass es keine Möglichkeit gibt, aus einer Vielzahl von Bewerberinnen, die nacheinander beurteilt und sofort entweder gewählt oder abgelehnt werden müssen, mit hoher Wahrscheinlichkeit die Beste auszuwählen. Wider Erwarten kann jedoch mit Hilfe der *Martingaltheorie* und einer *Stoppregel* eine Strategie entwickelt werden, mit der die optimale Bewerberin mit relativ hoher Wahrscheinlichkeit ermittelt werden kann.

1 Paradoxien

1.1 Paradoxien - Ursachen und Lösungsstrategien

Der Begriff *Paradoxie* tauchte zuerst in der griechischen Antike auf. Wörtlich bedeutet er „neben dem Glauben" und wird in der Bedeutung von „der allgemein üblichen Meinung entgegenstehend, widersinnig" verwendet. Schon im vierten bis fünften Jahrhundert vor Christus fand die Beschäftigung mit den ersten Paradoxien statt, wie zum Beispiel dem Paradoxon von „Achilles und die Schildkröte" (Zenon), das in der Schlussfolgerung gipfelt, dass es keine Bewegung gibt. Später gerieten die Paradoxien weitgehend in Vergessenheit. Erst mit der Grundlagenkrise der modernen Logik und Mathematik Ende des 19. Jahrhunderts wurde das Interesse an ihnen wiederbelebt.

Um Paradoxien von anderen Formen der Widersprüchlichkeit zu unterscheiden, benötigt man einen Einblick in den Syllogismus, der den Kern der antiken Logik des Aristoteles bildet und bis heute von Bedeutung ist.

Alle Syllogismen sind nach dem folgenden Muster aufgebaut:

- zwei Prämissen (Ober- und Untersatz):
  Mindestens eine der Prämissen muss eine bejahende Aussage sein.

- Gedankengang,

- Konklusion (Schlussfolgerung):
  Wenn beide Prämissen bejahend sind, muss auch die Konklusion bejahend sein.
  Wenn eine der Prämissen verneinend ist, muss auch die Konklusion verneinend sein.

Prämissen und Konklusion sind Aussagen, die wahr oder falsch sein können.

Historisch entwickelte sich die Paradoxie als eine mögliche Ausdrucksform der *Aporie*, welche folgendermaßen definiert ist:

Eine logisch erscheinende Beweiskette, die zu widersprüchlichen bzw. gegenteiligen wahren Schlussfolgerungen führt, deren Widerspruch nicht lösbar erscheint. Zur Lösung kann es dadurch kommen, dass mehr Argumente für die eine oder andere Schlussfolgerung gesammelt werden.

Eine weitere Unterform der Aporie, die *Antinomie*, ist so definiert:

Eine Aussage, die zu logischen Widersprüchen führt, bei der sich beide Seiten (These und Antithese) gleich gut begründen lassen.

Genauso wie Antinomien sind *Paradoxien* eine mögliche Form der Darstellung von Aporien. Sie lassen sich folgendermaßen definieren:

Eine Aussage, die widersprüchlich erscheint, tatsächlich aber wahr ist und somit eine lösbare Antinomie darstellt. Der Widerspruch besteht hier meist nur zwischen der erwarteten und der tatsächlichen Lösung.

Der Philosoph Sainsbury definiert *Paradoxie* folgendermaßen:

„... eine scheinbar unannehmbare Schlussfolgerung, die durch einen scheinbar annehmbaren Gedankengang aus scheinbar annehmbaren Prämissen abgeleitet ist" [13]. Unter *Paradoxie* verstehen wir also eine Behauptung oder Problemstellung, die beim ersten Hinsehen widersprüchlich oder unvernünftig erscheint oder mit einer aufgestellten Theorie nicht vereinbar ist, bei genauerer Analyse jedoch eine plausible und widerspruchsfreie Erklärung besitzt.

Die vorliegende Arbeit bezieht sich auf die Analyse dieser lösbaren Paradoxien, da sich hinter den Widersprüchen eine mathematische Wahrheit verbirgt. Diese kommt zutage, indem scheinbar feststehende Gewissheiten und Wahrheiten kritisch hinterfragt und dadurch außer Kraft gesetzt werden, und ermöglicht so wissenschaftlichen Fortschritt.

Von der Paradoxie klar abzugrenzen ist der *Trugschluss*:

„Das erstere ist eine richtige - obwohl überraschende - mathematische Aussage. Dagegen ist das letztere ein falsches Ergebnis, das man mit Hilfe scheinbar korrekter Überlegungen erhalten hat" [14].

Zur Analyse der Ursachen für das Auftreten einer Paradoxie ist die folgende Überlegung von Sainsbury hilfreich:

„Der Schein muss trügen, denn das Annehmbare kann nicht mit annehmbaren Schritten zum Unannehmbaren führen. Also haben wir allgemein die Wahl: Entweder ist die Schlussfolgerung gar nicht wirklich unannehmbar, oder aber der Ausgangspunkt bzw. der Gedankengang hat eine Schwäche, die nicht offen zutage liegt" [13].

Ursachen für das Auftreten von Paradoxien können im Einzelnen sein:

1. falscher Umgang mit Begriffen:

   – Verwendung von vagen Begriffen (Sorites-Paradoxie),

   – Verwendung von formal korrekten Begriffen, die jedoch nicht dem Wesen der bezeichneten Objekte entsprechen.

2. falscher Umgang mit den Prämissen:

   – scheinbar wahre Prämissen, die sich jedoch als falsch herausstellen. Hieraus folgt dann eine falsche Aussage.

   – falsche und/oder unklare Definition von Prämissen. Hierdurch kann es z.B. zu unzulässigen Verallgemeinerungen kommen.

3. Unklare Aufgabenstellung:

   – Die Aufgabenstellung suggeriert oft eine einfache Lösung, die rechnerische Lösung lautet aber ganz anders.

4. unzulässige Analogieschlüsse,

5. Verwechseln von transitiven und intransitiven Relationen,

6. nicht tragfähige Modellierung von Realsituationen:

   – Die Eigengesetzlichkeit des untersuchten Gegenstandes wird nicht beachtet.

   – Die Problemsituation ist nicht eindeutig definiert.

   – Das Modell passt nicht zum untersuchten Gegenstand.

7. Festhalten an Denkgewohnheiten.

Zur Beseitigung der scheinbaren Widersprüche und damit der Auflösung eines Paradoxons gibt es drei Grundstrategien:

1. Zurückweisen mindestens einer Prämisse,

2. Überprüfung und Zurückweisung eines nicht adäquaten Schlussverfahrens,

3. Überprüfen, ob die paradoxe Konklusion entgegen der ursprünglichen Annahme wahr sein könnte.

1.2 Paradoxien in der Stochastik

In der Stochastik treffen wir immer wieder auf Paradoxien, bei denen wir mit dem „gesunden Menschenverstand" bzw. mit der Intuition zu völlig anderen Ergebnissen kommen als mit mathematischen Berechnungen. Dies ist darauf zurückzuführen, dass wir mit unserem Alltagsverstand nicht nachvollziehen können, dass mathematische Gesetze auf den Zufall angewendet werden: „Die Lehrsätze der Mathematik des Zufalls sind um nichts weniger verlässlich als jene der Algebra und der Differentialgeometrie, stehen aber zuweilen in krassesten Gegensatz zu unserer Anschauung" [8]. Aus diesem Grund gibt es in keinem anderen Bereich der Mathematik „so viele Fußangeln und Fallgruben wie in der Wahrscheinlichkeitsrechnung" [4]. Daher ist die Stochastik der trügerischste Bereich der Mathematik.

Außerdem geschieht es recht häufig, dass die Bedingungen für die Anwendung eines Wahrscheinlichkeitsmodells nicht geprüft werden, was ein falsches Ergebnis zur Folge hat. Ein weiterer häufiger Fehler besteht darin, dass die Unabhängigkeit zweier Ereignisse angenommen wird, die in Wirklichkeit voneinander abhängig sind.

Der tiefere Grund für das gehäufte Auftreten von Paradoxien in der Stochastik liegt jedoch darin, „dass im gelebten Leben das Faktische gegenüber dem Möglichen extrem überbewertet wird. Was aus einer eventuell riesigen Zahl von Möglichkeiten objektiv zufällig eintritt, wird posthum als etwas Gesetzmäßiges, Notwendiges, als Deterministisches erklärt und das, was auch hätte geschehen können, eher vergessen und verdrängt" [16].

Die Auseinandersetzung mit Paradoxien in der Stochastik führt darüber hinaus dazu, dass das eigene Verfahren einer kritischen Überprüfung unterzogen wird. Außerdem wird ein präziser Begriffs- und Methodenapparat herausgebildet, die mathematischen Gesetze werden genauer formuliert und die Modelle immer besser an die Realität angepasst, was die Basis für weiteren wissenschaftlichen Fortschritt bietet.

2 Münzparadoxa

Die ersten Überlegungen und Berechnungen zur Wahrscheinlichkeit entstanden in Zusammenhang mit den schon im Altertum bekannten Glücksspielen, wie u.a. auch den Münzspielen. Niedergeschrieben wurden Paradoxa der Stochastik jedoch erst zu Beginn der Neuzeit.

Im Folgenden werden zwei Münzparadoxa vorgestellt, in denen es um Serien von Münzwürfen geht. Mithilfe einfacher stochastischer Mittel werden diese Paradoxa erklärt, um im Anschluss die scheinbaren Widersprüche aufzulösen und deren Ursachen aufzuzeigen. Dabei betrachten wir stets einen Wahrscheinlichkeitsraum $(\Omega, \mathcal{A}, \mathbb{P})$ und setzen voraus, dass es sich beim Werfen einer idealen Münze um einen Bernoulli-Versuch handelt.

2.1 Das Paradoxon der Münzmuster

2.1.1 Formulierung des Paradoxons

Eine ideale Münze (K = Kopf, W = Wappen) wird so lange geworfen, bis sich nacheinander entweder das Muster **KWKW** oder **WKWW** ergibt, wobei die Versuchsausgänge unabhängig voneinander sind. Es stellt sich nun die Frage, welches der beiden Muster das „wahrscheinlichere" ist. Je nach Sichtweise (Präzisierung von „wahrscheinlich") gelangt man dabei zu vollkommen unterschiedlichen Ergebnissen:

1. Fragt man nach der Wahrscheinlichkeit der beiden Muster in einer Wurfserie der Länge 4, so erhält man für beide dieselbe Wahrscheinlichkeit $(\frac{1}{2})^4$. Auch drei- und mehrgliedrige Muster (n Stellen) haben beim n-maligen Werfen einer Münze jeweils gleiche Auftrittswahrscheinlichkeit, nämlich $(\frac{1}{2})^n$.

2. Für den **Erwartungswert** der benötigten Anzahl von Würfen bis zum erstmaligen Auftreten des jeweiligen Musters ergeben sich jedoch unterschiedliche Ergebnisse:

$$\mathbb{E}(KWKW) = 20 \quad \text{und} \quad \mathbb{E}(WKWW) = 18$$

Um das Muster WKWW erstmalig zu erhalten, muss man also im Durchschnitt weniger häufig würfeln.

Das Muster WKWW kann also als „wahrscheinlicher" bezeichnet werden, weil man im Durchschnitt mit weniger Würfen dieses Muster erhält.

3. Fragt man allerdings nach der **Wahrscheinlichkeit des früheren Auftretens von WKWW vor KWKW** in einer Münzwurfserie, so würde man aufgrund der obigen Erwartungswerte intuitiv annehmen:

$$\mathbb{P}(WKWW \text{ früher als } KWKW) > \mathbb{P}(KWKW \text{ früher als } WKWW)$$

$$\underline{aber :} \quad \frac{5}{14} \approx 0.357 = 35.7\% < \frac{9}{14} \approx 0.643 = 64.3\%$$

Das Muster KWKW kann also als „wahrscheinlicher" angesehen werden, da es fast doppelt so wahrscheinlich ist, dass KWKW vor WKWW auftritt, wie umgekehrt.

Zum besseren Verständnis wird dieses Phänomen im Folgenden zunächst anhand zweigliedriger Muster behandelt, um danach noch einmal genauer auf die viergliedrigen Muster einzugehen.

2.1.2 Mathematische Grundlagen

Für die weiteren Überlegungen sind der Begriff des *bedingten Erwartungswertes* und der *Satz vom totalen Erwartungswert* von besonderer Bedeutung. Dabei sei die Existenz aller vorkommenden Erwartungswerte vorausgesetzt.

Definition 2.1:
Sei X eine diskrete Zufallsgrösse und A ein Ereignis mit $\mathbb{P}(A) > 0$. Dann wird der **bedingte Erwartungswert** *definiert durch:*

$$\mathbb{E}(X|A) := \sum_{x \in X(\Omega)} x \cdot \mathbb{P}(X = x|A),$$

falls die Reihe absolut konvergiert.

Analog zum Satz von der totalen Wahrscheinlichkeit gilt auch der **Satz vom totalen Erwartungswert**:

Definition 2.2:
Sei X eine diskrete Zufallsgrösse und A_n, $n \in \mathbb{N}$ eine vollständige disjunkte Zerlegung von Ω, d.h. $\Omega = \dot{\bigcup_n} A_n$, so gilt:

$$\mathbb{E}(X) = \sum_n \mathbb{E}(X|A_n) \cdot \mathbb{P}(A_n)$$

Beweis. Mit dem Satz von der totalen Wkt. $\mathbb{P}(X = x) = \sum_n \mathbb{P}(X = x|A_n) \cdot \mathbb{P}(A_n)$ folgt:

$$
\begin{aligned}
\mathbb{E}(X) &= \sum_{x \in X(\Omega)} x \cdot \mathbb{P}(X = x) = \sum_{x \in X(\Omega)} x \cdot \sum_n \mathbb{P}(X = x|A_n) \cdot \mathbb{P}(A_n) \\
&= \sum_n \mathbb{P}(A_n) \cdot \underbrace{\sum_{x \in X(\Omega)} x \cdot \mathbb{P}(X = x|A_n)}_{\text{bed. Erwartungswert: } \mathbb{E}(X|A_n)} = \sum_n \mathbb{E}(X|A_n) \cdot \mathbb{P}(A_n)
\end{aligned}
$$

$\square$

2.1.3 Mathematische Erklärung des Paradoxons

Zweigliedrige Muster:

Eine ideale Münze wird wieder so lange geworfen, bis sich nacheinander entweder das Muster **KK** oder **KW** ergibt. Offensichtlich ist $\mathbb{P}(KK \text{ vor } KW) = \mathbb{P}(KW \text{ vor } KK) = \frac{1}{2}$, da man nach einem K-Wurf mit derselben Wahrscheinlichkeit von jeweils $\frac{1}{2}$ ein K wie auch ein W erhält. Trotz dieser Tatsache sind jedoch im Durchschnitt mehr Würfe für KK notwendig als für KW :

1. $\mathbb{E}(\mathbf{KW})$: Bei dem Muster KW hilft eine ganz simple Überlegung:

   Das Ereignis „zum ersten Mal KW" tritt genau dann ein, wenn nach dem ersten auftretenden K erstmalig ein W folgt: $\ldots$K]$\ldots$KW]. Also heißt „warten auf KW" nichts anderes, als „warten auf das erste K und dann warten auf das erste W":

   Gesamtwartezeit auf KW($=Z$) = Summe der Teilwartezeiten K($=X$) bzw. W($=Y$):
   $\Rightarrow Z = X + Y$

   Wir benutzen den Erwartungswert der geometrischen Verteilung: $\mathbb{E}(X) = \frac{1}{p}$
   $\Rightarrow \mathbb{E}(KW) = \mathbb{E}(Z) = \mathbb{E}(X + Y) = \mathbb{E}(X) + \mathbb{E}(Y) = \frac{1}{\frac{1}{2}} + \frac{1}{\frac{1}{2}} = 2 + 2 = \underline{\underline{4}}$

2. $\mathbb{E}(\mathbf{KK})$: Sei $M_K := \mathbb{E}(KK|K)$ der Erwartungswert der benötigten Wurfanzahl für KK unter der Bedingung, dass der 1. Wurf K ergab. Analog sei $M_W := \mathbb{E}(KK|W)$ definiert. Dann gilt folgende Beziehung zwischen den bedingten Erwartungswerten M_K und M_W :

$$
M_K = 1 + 1 \cdot \tfrac{1}{2} + M_W \cdot \tfrac{1}{2} \quad \text{und} \quad M_W = 1 + \underbrace{M_K \cdot \frac{1}{2} + M_W \cdot \frac{1}{2}}_{\mathbb{E}(KK)}
$$

Erläuterung:

- M_K: Wenn der 1. Wurf auf K („1+...") fällt, dann kommt mit Wahrscheinlichkeit von $\frac{1}{2}$ entweder wieder ein K („...+1·$\frac{1}{2}$") oder ebenfalls mit Wahrscheinlichkeit von $\frac{1}{2}$ ein W, was soviel wie einen „neuen Anfangswurf W" bedeutet („...+M_W·$\frac{1}{2}$").

- M_W: Wenn der 1. Wurf auf W („1+...") fällt, beginnt das „Spiel" wieder von neuem; mit Wahrscheinlichkeit von $\frac{1}{2}$ fällt beim 2. Mal entweder ein K („...+M_K·$\frac{1}{2}$", neuer Anfangswurf K) oder wieder ein W („...+M_W·$\frac{1}{2}$", neuer Anfangswurf W).

Aus den beiden Gleichungen ergeben sich durch Einsetzen $M_W = 7$ und $M_K = 5$. Mit diesen bedingten Erwartungswerten erhalten wir mit dem Satz vom totalen Erwartungswert:

$$\mathbb{E}(KK) = M_W \cdot \frac{1}{2} + M_K \cdot \frac{1}{2} = 7 \cdot \frac{1}{2} + 5 \cdot \frac{1}{2} = \underline{\underline{6}}$$

Also ist $\mathbb{E}(KK) > \mathbb{E}(KW)$.

Der Unterschied in den Erwartungswerten für die benötigte Anzahl von Würfen für das jeweilige Muster lässt sich folgendermaßen begründen: *Will man das Muster KW erzielen und tritt nach K nicht W, sondern stattdessen K auf, so ist K erneut Startwurf für KW. Will man hingegen das Muster KK erzielen und erhält nach dem K ein W, so kann dies nicht Startwurf für KK sein. Unter diesem Aspekt ist also KW „wahrscheinlicher" als KK.*

Viergliedrige Muster:

Erneut wird eine ideale Münze so lange geworfen, bis sich nacheinander entweder das Muster **KWKW** oder **WKWW** ergibt. Der scheinbare Widerspruch wird hier noch deutlicher, da die beiden Sichtweisen „kommt früher als" bzw. „Erwartungswert" das echte Gegenteil voneinander liefern:

Die Wahrscheinlichkeit dafür, dass KWKW früher eintritt als WKWW, beträgt $\frac{9}{14} > \frac{1}{2}$, jedoch ist die durchschnittlich benötigte Wurfanzahl bis KWKW größer als bis WKWW.

1. $\mathbb{E}(\mathbf{KWKW})$: Die Erwartungswerte bei viergliedrigen Mustern können analog zu den zweigliedrigen Mustern, durch acht lineare Gleichungen in acht Unbekannten berechnet werden. Dazu seien $M_{WWW}, M_{WWK}, M_{WKW}, M_{KWW}, M_{WKK}, M_{KWK}$, M_{KKW} und M_{KKK} mögliche Kombinationen bedingter Erwartungswerte.

M_{WKK} ist z.B. der bedingte Erwartungswert der Anzahl nötiger Würfe für KWKW unter der Bedingung, dass die ersten drei Würfe das Ergebnis WKK hatten. Anhand der folgenden acht linearen Gleichungen sollen nun diese bedingten Erwartungswerte mithilfe des Gauß-Algorithmus' berechnet werden:

$$M_{WWW} = 1 + \frac{1}{2}M_{WWW} + \frac{1}{2}M_{WWK}$$

$$M_{WWK} = 1 + \frac{1}{2}M_{WKW} + \frac{1}{2}M_{WKK}$$

$$M_{WKW} = 1 + \frac{1}{2}M_{KWW} + \frac{1}{2}M_{KWK}$$

$$M_{KWW} = 1 + \frac{1}{2}M_{WWW} + \frac{1}{2}M_{WWK}$$

$$M_{WKK} = 1 + \frac{1}{2}M_{KKW} + \frac{1}{2}M_{KKK}$$

$$M_{KWK} = 1 + \frac{1}{2} \cdot 3 \qquad + \frac{1}{2}M_{WKK}$$

$$M_{KKW} = 1 + \frac{1}{2}M_{KWW} + \frac{1}{2}M_{KWK}$$

$$M_{KKK} = 1 + \frac{1}{2}M_{KKW} + \frac{1}{2}M_{KKK}$$

Das Lösen des Gleichungssystems ergibt folgende bedingte Erwartungswerte:

$$M_{WWW} = 23, M_{WWK} = 21, M_{WKW} = 19, M_{KWW} = 23, M_{WKK} = 21,$$

$$M_{KWK} = 13, M_{KKW} = 19, M_{KKK} = 21$$

Erläuterung:

- M_{WWK}: Die 2. Gleichung besagt z.B., dass nach dem Startmuster WWK mit gleicher Wahrscheinlichkeit (jeweils $\frac{1}{2}$) ein W oder K fällt. Fällt ein W an 4. Stelle, so liegt das Startmuster WKW vor (wegen der 1. Stelle jeweils „1+..."). Fällt ein K, so liegt WKK als neues Startmuster vor.

Analog gehen wir auch bei den weiteren Gleichungen vor. Anhand der berechneten bedingten Erwartungswerte erhält man mit dem Satz vom totalen Erwartungswert:

$$\mathbb{E}(KWKW) = \tfrac{1}{8}(M_{WWW} + \cdots + M_{KKK}) = \underline{\underline{20}}$$

2. $\mathbb{E}(\mathbf{WKWW})$: Analog zum obigen Muster ergibt sich:

$$M_{WWW} = 1 + \frac{1}{2}M_{WWW} + \frac{1}{2}M_{WWK}$$

$$M_{WWK} = 1 + \frac{1}{2}M_{WKW} + \frac{1}{2}M_{WKK}$$

$$M_{WKW} = 1 + \frac{1}{2} \cdot 3 \qquad + \frac{1}{2}M_{KWK}$$

$$M_{KWW} = 1 + \frac{1}{2}M_{WWW} + \frac{1}{2}M_{WWK}$$

$$M_{WKK} = 1 + \frac{1}{2}M_{KKW} + \frac{1}{2}M_{KKK}$$

$$M_{KWK} = 1 + \frac{1}{2}M_{WKW} + \frac{1}{2}M_{WKK}$$

$$M_{KKW} = 1 + \frac{1}{2}M_{KWW} + \frac{1}{2}M_{KWK}$$

$$M_{KKK} = 1 + \frac{1}{2}M_{KKW} + \frac{1}{2}M_{KKK}$$

Das Lösen des Gleichungssystems ergibt folgende bedingte Erwartungswerte:

$$M_{WWW} = 19, M_{WWK} = 17, M_{WKW} = 11, M_{KWW} = 19, M_{WKK} = 21,$$

$$M_{KWK} = 17, M_{KKW} = 19, M_{KKK} = 21$$

Mit dem Satz vom totalen Erwartungswert erhält man nun:

$$\mathbb{E}(WKWW) = \frac{1}{8}(M_{WWW} + \cdots + M_{KKK}) = \underline{\underline{18}}$$

Daher ist $\mathbb{E}(WKWW) < \mathbb{E}(KWKW)$.

Das Muster WKWW kann also als „wahrscheinlicher" bezeichnet werden.

3. $\mathbb{P}(\mathbf{KWKW}\ \mathbf{vor}\ \mathbf{WKWW})$:

Die Wahrscheinlichkeit des früheren Auftretens kann nach dem gleichen Prinzip (P_{WWK} ist z.B. die bedingte Wahrscheinlichkeit für das Ereignis „KWKW vor WKWW" unter der Bedingung, dass die ersten drei Würfe das Ergebnis WWK hatten) durch Lösen des folgenden Gleichungssystems für die einzelnen bedingten

Wahrscheinlichkeiten berechnet werden:

$$P_{WWW} = \frac{1}{2}P_{WWW} + \frac{1}{2}P_{WWK}$$

$$P_{WWK} = \frac{1}{2}P_{WKW} + \frac{1}{2}P_{WKK}$$

$$P_{WKW} = \frac{1}{2} \cdot 0 \quad + \frac{1}{2}P_{KWK}$$

$$P_{KWW} = \frac{1}{2}P_{WWW} + \frac{1}{2}P_{WWK}$$

$$P_{WKK} = \frac{1}{2}P_{KKW} + \frac{1}{2}P_{KKK}$$

$$P_{KWK} = \frac{1}{2} \cdot 1 \quad + \frac{1}{2}P_{WKK}$$

$$P_{KKW} = \frac{1}{2}P_{KWW} + \frac{1}{2}P_{KWK}$$

$$P_{KKK} = \frac{1}{2}P_{KKW} + \frac{1}{2}P_{KKK}$$

Das Lösen des Gleichungssystems ergibt folgende bedingte Wahrscheinlichkeiten:

$$P_{WWW} = \frac{4}{7}, P_{WWK} = \frac{4}{7}, P_{WKW} = \frac{3}{7}, P_{KWW} = \frac{4}{7}, P_{WKK} = \frac{5}{7}, P_{KWK} = \frac{6}{7},$$
$$P_{KKW} = \frac{5}{7}, P_{KKK} = \frac{5}{7}$$

Mit dem Satz von der totalen Wahrscheinlichkeit erhält man:

$$\mathbb{P}(KWKW \text{ vor } WKWW) = \frac{1}{8}(P_{WWW} + \cdots + P_{KKK}) = \frac{9}{14} > \frac{1}{2}$$

Das Muster KWKW kann also als „wahrscheinlicher" angesehen werden.

2.1.4 Auflösung des Paradoxons

Wie ist nun dieser scheinbare Widerspruch zu erklären?

Dass es entgegen der Intuition zu Unterschieden zwischen dem „Erwartungswert der nö-tigen Wurfanzahl" und der „Wahrscheinlichkeit des früheren Eintretens" kommt, kann folgendermaßen erklärt werden:

Das Muster WKWW kommt zwar „meistens", d.h. mit Wahrscheinlichkeit $\frac{9}{14}$ erst später als KWKW. Wenn jedoch WKWW früher kommt, so kommt es offenbar meist deutlich früher („*Ausreißer*") als KWKW, sodass „im Mittel" die für WKWW nötige Wurfanzahl trotzdem kleiner ist („*Empfindlichkeit des arithmetischen Mittels gegenüber Ausrei-ßern*"). Dies bedeutet, dass der Wert des arithmetischen Mittels durch diese Ausreißer stark nach unten gezogen wird. Da Erwartungswerte in einer engen Beziehung zu Mittelwerten stehen (vgl. „*Schwaches Gesetz der Großen Zahlen*" in [6]), lässt sich diese Eigenschaft auch auf den Erwartungswert übertragen.

Die Prämissen sind hier in Form des „Erwartungswertes" und der „Wahrscheinlichkeit des früheren Eintretens" klar mathematisch definiert. Im weiteren Gedankengang werden jedoch die Abgrenzungen zwischen den Definitionen der beiden Größen nicht mehr berücksichtigt. Durch diesen fehlerhaften Gedankengang kommt es zu einer falschen Konklusion.

2.1.5 Erwartungswerte bei n-gliedrigen Mustern

Noch deutlicher lässt sich diese Paradoxie bei n-gliedrigen Mustern darstellen:

- **Paradoxon:**

  Allgemein gilt bei n-gliedrigen Mustern:

  $\mathbb{E}(\underbrace{K \ldots K}_{(n-1)-mal} W) = 2^n$ (kleinster Erwartungswert unter allen n-gliedrigen Mustern)

  $\mathbb{E}(\underbrace{K \ldots K}_{(n-1)-mal} K) = 2^{n+1} - 2$ (größter Erwartungswert unter allen n-gliedr. Mustern)

  Obwohl die Wahrscheinlichkeit des früheren Eintretens bei beiden Mustern gleich groß ist, muss man im Durchschnitt fast doppelt so lange auf eine reine K-Serie der Länge n wie auf eine K-Serie der Länge $n - 1$ und darauf folgendes W warten.

- **Erklärung des Paradoxons:**

  1. **Beweis** von $\mathbb{E}(\underbrace{K \ldots KK}_{n-mal}) = 2^{n+1} - 2$:

     vollständige Induktion:

     IA: für n = 1: $\mathbb{E}(K) = 2$ ✓; für n=2: $\mathbb{E}(KK) = 6$ ✓ (s.o.)

     IV: $\mathbb{E}(\underbrace{K \ldots K}_{(n-1)-mal}) = 2^n - 2$ gilt

     IS: Zunächst wird der 1. Block $\underbrace{K \ldots K}_{(n-1)-mal}$ betrachtet. Nach Induktionsvoraussetzung beträgt der Erwartungswert für diesen Block $2^n - 2$. Beim nächsten Wurf kann nun die Münze K ($\mathbb{E} = 2^n - 2 + 1 = 2^n - 1$, mit Wahrscheinlichkeit

$p = \frac{1}{2}$) oder W zeigen. Wenn W fällt, ist erneut auf den nächsten K-Block zu warten und wieder entscheidet der darauf folgende Wurf: Er kann K sein ($\mathbb{E} = (2^n - 1) + (2^n - 1) = 2(2^n - 1)$, mit Wahrscheinlichkeit $p = \frac{1}{2} \cdot \frac{1}{2} = \frac{1}{4}$) oder wieder W usw.

Insgesamt erhält man also:

$$\mathbb{E}(\underbrace{K...K}_{(n-1)-mal}\ K) = (2^n - 1) \cdot \frac{1}{2} + 2(2^n - 1) \cdot \frac{1}{2^2} + 3(2^n - 1) \cdot \frac{1}{2^3} + \ldots$$

$$= (2^n - 1) \cdot \frac{1}{2} \cdot (1 + 2 \cdot \frac{1}{2} + 3 \cdot \frac{1}{2^2} + 4 \cdot \frac{1}{2^3} + \ldots)$$

$$= (2^n - 1) \cdot \frac{1}{2} \cdot (\sum_{n=1}^{\infty} \frac{n}{2^{n-1}})$$

N.R.: durch Differenzieren der geometrischen Reihe:

$\sum_{n=1}^{\infty} n x^{n-1} = (\sum_{n=1}^{\infty} x^n)' = (\frac{1}{1-x})' = \frac{1}{(1-x)^2}$, für $|x| < 1$

für $x = \frac{1}{2}$ ergibt sich: $\sum_{n=1}^{\infty} \frac{n}{2^{n-1}} = 1 + 2 \cdot \frac{1}{2} + 3 \cdot \frac{1}{2^2} + \cdots = \frac{1}{(1-\frac{1}{2})^2} = 4$

$\Rightarrow \mathbb{E}(\underbrace{K...K}_{(n-1)-mal}\ K) = (2^n - 1) \cdot \frac{1}{2} \cdot 4 = (2^n - 1) \cdot 2 = 2^{n+1} - 2$

2. **Beweis** von $\mathbb{E}(\underbrace{K \ldots K}_{(n-1)-mal}\ W) = 2^n$:

Die Serie $\underbrace{K \ldots K}_{(n-1)-mal}\ W$ bedeutet nichts anderes als Warten auf den ersten K-Block der Länge $n - 1$ ($\mathbb{E} = 2^n - 2$, s.o. Induktionsvoraussetzung) und anschließendes Warten auf das nächste W ($\mathbb{E}(W) = \frac{1}{p} = 2$), woraus sich der Erwartungswert $\mathbb{E}(\underbrace{K \ldots K}_{(n-1)-mal}\ W) = 2^n - 2 + 2 = 2^n$ zusammenstellt.

2.1.6 Bemerkungen

Zur Berechnung von Erwartungswerten bzw. Gewinnwahrscheinlichkeiten gibt es noch einige andere hilfreiche Lösungsmethoden:

(1) mit Hilfe unendlicher Reihen (siehe z.B. Humenberger [9]),

(2) mit Hilfe von Markow-Ketten und Mittelwertregeln (siehe z.B. Henze [7]),

(3) mit Hilfe des Conway-Algorithmus (siehe 2.2.2).

Allgemein gesehen lassen sich Münzmuster als Muster in Bernoulli-Ketten auffassen. Da viele naturwissenschaftliche Erscheinungen, z.B. Genomsequenzen, als Bernoulli-Ketten betrachtet werden können, haben die in diesem Zusammenhang auftretenden Probleme eine Relevanz, die weit über den Bereich der Mathematik hinausgeht.

2.2 Die Anwendung des Conway-Algorithmus' am Beispiel eines unfairen Spiels

In diesem Beispiel geht es um ein scheinbar faires Münzspiel, das sich verblüffenderweise dann doch als unfair herausstellt. Dabei wird zur Berechnung der Gewinnwahrscheinlichkeit der Conway-Algorithmus herangezogen und näher erläutert.

2.2.1 Das Paradoxon des scheinbar fairen Spiels

Zwei Spieler **A** und **B** vereinbaren folgendes Spiel:

Vor Spielbeginn dürfen sich beide Spieler jeweils ein dreigliedriges Münzmuster aussuchen (acht Möglichkeiten). Nun wird eine ideale Münze (K=Kopf, W=Wappen) geworfen. Gewinner ist derjenige, dessen Muster zuerst (als aufeinanderfolgende Wurfergebnisse) erscheint. Bei der Wahl des jeweiligen dreigliedrigen Musters will **B** seinem Kontrahenten **A** die erste Wahl des Musters überlassen. Im Glauben im Vorteil gegenüber **B** zu sein, da **B** sein Muster nur noch aus den restlichen sieben möglichen wählen kann, willigt **A** sofort in das „großzügige" Angebot von **B** ein. War es nun klug von **A**, das Angebot so vorschnell anzunehmen?

Um dies zu überprüfen, müssen die Wahrscheinlichkeiten des früheren Auftretens bzw. die Gewinnwahrscheinlichkeiten der jeweils gewählten Muster berechnet werden. Dies könnte wieder mit Hilfe bedingter Wahrscheinlichkeiten und des Satzes von der totalen Wahrscheinlichkeit - wie bereits bei viergliedrigen Mustern angewandt - erfolgen. Da jedoch das Lösen von linearen Gleichungssystemen sehr aufwendig und rechenintensiv ist, was besonders bei Münzwurfserien der Länge n für große Werte von n deutlich wird, soll nun eine wesentlich einfachere Strategie zur Berechnung von Gewinnwahrscheinlichkeiten vorgestellt werden.

2.2.2 Der Conway-Algorithmus

Mit dem Conway-Algorithmus, der nach dem britischen Mathematiker John Horton Conway benannt ist, lassen sich die Gewinnchancen bzw. Gewinnwahrscheinlichkeiten der beiden Spieler sehr leicht ermitteln. Außerdem können mit diesem Algorithmus die Erwartungswerte der benötigten Anzahl von Würfen für ein gegebenes Münzmuster der Länge n sehr einfach berechnet werden.

Definition 2.3 (Conways Algorithmus):
Sei X eine beliebige feste diskrete Zufallsgrösse und sei $X_1, X_2, \ldots$ eine Folge unabhängiger, identisch verteilter Zufallsvariablen, die die gleiche Verteilung wie X haben. Wir bezeichnen die Menge aller möglichen Werte von X mit V. Seien $A = (a_1, a_2, \ldots, a_m)$ und $B = (b_1, b_2, \ldots, b_n)$ zwei endliche Zeichenfolgen, deren Elemente aus V stammen. Wir definieren folgenden Algorithmus

$$d_{ij} := \begin{cases} \frac{1}{\mathbb{P}(X=b_j)}, & wenn\ 1 \leq i \leq m, 1 \leq j \leq n\ und\ a_i = b_j \qquad (1) \\ 0 & sonst \qquad\qquad\qquad\qquad\qquad\qquad\qquad\qquad (2) \end{cases}$$

und

$$AB := d_{11}d_{22}\ldots d_{mm} + d_{21}d_{32}\ldots d_{m,m-1} + d_{31}d_{42}\ldots d_{m,m-2} + \cdots + d_{m,1}, \qquad (3)$$

*wobei AB die **Conway-Zahl** von A über B ist.*

Lemma 2.4:
(i) Der Erwartungswert der Wurfanzahl für eine gegebene Münzfolge A ist durch AA gegeben, wobei AA die Conway-Zahl von A über A ist.
(ii) Sei B als Startmuster gegeben, dann lässt sich der Erwartungswert der noch benötigten Wurfanzahl zur Erzielung von A, unter der Bedingung dass B vor dem Muster A eingetreten ist, durch $AA - BA$ berechnen, vorausgesetzt A enthält nicht B als zusammenhängende Teilfolge.

Das folgende Theorem wird auch als „magischer" Algorithmus (siehe Li [11], S.1176) bezeichnet:

Theorem 2.5:

Das Verhältnis der Gewinnchancen für das Auftreten des Münzmusters B vor dem Muster A ist gegeben durch:

$$\frac{AA - AB}{BB - BA} \tag{4}$$

Beweis. Da Conway in seinen Ausführungen selber keinen Beweis erbracht hat, beziehe ich mich im Folgendem auf Stanley Collings Ausführungen (siehe [3], S. 227-232).

Für den Beweis benutzt er das obige Lemma 2.4:

Die Differenz der Erwartungswerte der Wurfanzahl wird durch $\mathbb{E}(\kappa_A) - \mathbb{E}(\kappa_B) = AA - BB$ ausgedrückt, wobei κ_A bzw. κ_B die benötigte Wurfanzahl für A bzw. B ist.

Aus Lemma 2.4 (ii) wissen wir, dass der Erwartungswert der benötigten Würfe für A, unter der Bedingung dass B dem Muster A vorausgeht, $\mathbb{E}(\kappa_A|B \text{ vor } A) = AA - BA$ ist. Genauso gilt für den Erwartungswert der Wurfanzahl für B, unter der Bedingung dass A dem Muster B vorausgeht: $\mathbb{E}(\kappa_B|A \text{ vor } B) = BB - AB$.

Bezeichnen wir die Gewinnwahrscheinlichkeit von A mit p und die von B mit q, so ergibt sich mit dem Satz vom totalen Erwartungswert folgende Gleichung:

$$
\begin{aligned}
AA - BB &= \mathbb{E}(\kappa_A) - \mathbb{E}(\kappa_B) \\
&= \underbrace{\mathbb{E}(\kappa_A|A \text{ vor } B)}_{=\,0,\text{ da A schon erschienen}} \cdot \mathbb{P}(A \text{ vor } B) + \underbrace{\mathbb{E}(\kappa_A|B \text{ vor } A)}_{=\,AA-BA} \cdot \mathbb{P}(B \text{ vor } A) \\
&\quad - \underbrace{\mathbb{E}(\kappa_B|A \text{ vor } B)}_{=\,BB-AB} \cdot \mathbb{P}(A \text{ vor } B) - \underbrace{\mathbb{E}(\kappa_B|B \text{ vor } A)}_{=\,0,\text{ da B schon erschienen}} \cdot \mathbb{P}(B \text{ vor } A) \\
&\overset{2.4(ii)}{=} q \cdot (AA - BA) - p \cdot (BB - AB)
\end{aligned}
$$

Durch Umstellen der Gleichung folgt:

$$(1 - q)AA - (1 - p)BB = p \cdot AB - q \cdot BA$$

Da $p + q = 1$, gilt

$$
\begin{aligned}
p \cdot AA - q \cdot BB &= p \cdot AB - q \cdot BA \\
\Leftrightarrow p(AA - AB) &= q(BB - BA)
\end{aligned}
$$

und

$$\frac{q}{p} = \frac{AA - AB}{BB - BA}.$$

Die letzte Gleichung gibt das Verhältnis der Gewinnchancen von B gegenüber A an und beweist somit Conways Algorithmus. □

Korollar 2.6:
Die Gewinnwahrscheinlichkeiten von A bzw. von B lassen sich berechnen durch:

$$p = \frac{BB - BA}{BB - BA + AA - AB} \quad \text{bzw.} \quad q = \frac{AA - AB}{BB - BA + AA - AB} \qquad (5)$$

Beweis. Durch Umstellen von $\frac{q}{p} = \frac{AA-AB}{BB-BA}$ nach p bzw. q und mit $p + q = 1$ erhält man die Gewinnwahrscheinlichkeiten von B bzw. von A:

$$\frac{q}{p} = \frac{AA - AB}{BB - BA}$$
$$\Leftrightarrow q = \frac{p(AA - AB)}{BB - BA}$$

Durch Einsetzen von q in $p + q = 1$ ergibt sich:

$$p + \frac{p(AA - AB)}{BB - BA} = 1$$
$$\frac{p(BB - BA + AA - AB)}{BB - BA} = 1$$
$$\Leftrightarrow p = \frac{BB - BA}{BB - BA + AA - AB}$$

Analog erhält man durch Umstellen nach p auch die Gewinnwahrscheinlichkeit von B. □

Da der Algorithmus zwar sehr leicht durchzuführen, aber relativ schwierig zu durchschauen ist, soll das von Conway verwendete Verfahren am Beispiel des oben beschriebenen scheinbar fairen Spiels näher dargestellt werden:

Beispiel 2.7:

Spieler **A** wählt als erster das dreigliedrige Muster KKK. Daraufhin wählt Spieler **B** das Muster WKK. Um nun zu überprüfen, ob die Wahl von **B** klug war, berechnen wir mithilfe des Conway-Algorithmus' die Gewinnwahrscheinlichkeit von **B** bzw. von **A**.

Dazu bestimmen wir zuerst die Conway-Zahl BA. Zu diesem Zweck ordnet man die beiden Muster untereinander an und vergleicht sie miteinander. Sind die jeweils übereinanderliegenden Buchstaben gleich, so ist (1) erfüllt, sonst (2):

$$\mathbf{B}: \ WKK \atop \mathbf{A}: \ KKK \quad \Rightarrow d_{11}d_{22}d_{33} = 0 \cdot 2 \cdot 2 = 0$$

Dann verschiebt man das obere Muster nach links und wendet auf die übereinanderliegenden Buchstaben beider Muster das oben erwähnte Verfahren an:

$$\mathbf{B}: \ WKK \atop \mathbf{A}: \quad KKK \quad \Rightarrow d_{12}d_{23} = 2 \cdot 2 = 4$$

Dies wiederholt man bis zum letztem Element des oberen Musters:

$$\mathbf{B}: \ WKK \atop \mathbf{A}: \qquad KKK \quad \Rightarrow d_{13} = 2$$

Schließlich stellt sich das Resultat von BA nach (3) folgendermaßen dar:

$$BA = d_{11}d_{22}d_{33} + d_{12}d_{23} + d_{13} = 0 + 4 + 2 = 6$$

Auf die gleiche Weise ermittelt man die weiteren Conway-Zahlen:

$$AA = 14, BB = 8, AB = 0, BA = 6$$

Das Verhältnis der Gewinnchancen von Spieler **B** gegenüber **A** wird dann durch (4) ausgedrückt:

$$\frac{(AA - AB)}{(BB - BA)} = \frac{14 - 0}{8 - 6} = \frac{14}{2} = 7$$

Hierunter ist zu verstehen, dass die Gewinnchancen für Spieler **B** gegenüber **A** 7:1 betragen. Wenn man die Gewinnwahrscheinlichkeit von Spieler **A** mit p und die von **B** mit q bezeichnet, dann erhält man mit (5) und den berechneten Conway-Zahlen:

$$p = \frac{8-6}{8-6+14-0} = \frac{1}{8} \quad \text{und} \quad q = \frac{14-0}{8-6+14-0} = \frac{7}{8}$$

Mithilfe des Conway-Algorithmus' lassen sich auch die Gewinnwahrscheinlichkeiten von **B** gegenüber **A** für alle anderen möglichen Kombinationen der beiden gewählten Muster errechnen:

		KKK	KKW	KWK	KWW	WKK	WKW	WWK	WWW
	A								
	KKK	-	1/2	2/5	2/5	1/8	5/12	3/10	1/2
	KKW	1/2	-	**2/3**	**2/3**	1/4	5/8	1/2	7/10
	KWK	3/5	1/3	-	1/2	1/2	1/2	3/8	7/12
B	KWW	3/5	1/3	1/2	-	1/2	1/2	**3/4**	**7/8**
	WKK	**7/8**	**3/4**	1/2	1/2	-	1/2	1/3	3/5
	WKW	7/12	3/8	1/2	1/2	1/2	-	1/3	3/5
	WWK	7/10	1/2	5/8	1/4	**2/3**	**2/3**	-	1/2
	WWW	1/2	3/10	5/12	1/8	2/5	2/5	1/2	-

Tabelle 1: Gewinnwahrscheinlichkeiten von **B** gegenüber **A** bei dreigliedrigen Münzmustern.

Der größte Wert jeder Spalte ist fett gedruckt. Das in dieser Zeile stehende Muster ist das optimale Muster, um gegen das in dieser Spalte stehende Muster, welches **A** gewählt hat, zu gewinnen. Also hat Spieler **B** in unserem Beispiel die optimale Wahl getroffen und Spieler **A** hat die schlechteste Wahl getroffen. Denn **B** gewinnt immer, außer wenn die ersten drei Würfe KKK ergeben.

Der Conway-Algorithmus lässt sich auf Muster jeder Länge und sogar auf zwei Muster unterschiedlicher Länge anwenden. Außerdem vereinfacht er das Rechenverfahren enorm und ist daher als effizientes Verfahren anzusehen.

2.2.3 Ist das Spiel fair? - Auflösung des Paradoxons

Wie kommen wir zu der Annahme, dass das Spiel nicht nur fair ist, sondern dass **A** sogar einen Vorteil gegenüber **B** hat?

Mit unserem Alltagsverstand erwarten wir, dass **A** als Sieger aus dem Spiel geht, weil er aus allen Mustern auswählen kann und somit noch über alle Optionen verfügt, wohingegen Spieler **B** nur noch 7 von 8 Optionen hat.

Die *Tabelle 1* verdeutlicht jedoch, dass die erste Wahl einen eminenten Nachteil darstellt, da **B** die Möglichkeit hat, sich zu jeder Wahl von **A** ein entsprechendes Muster auszusuchen, mit dem er eine Gewinnwahrscheinlichkeit von zumindest $\frac{2}{3}$ erreichen kann. Dies setzt natürlich voraus, dass **B** Kenntnis über die auftretenden Wahrscheinlichkeiten der verschiedenen Kombinationen hat. **A** kann aus solch einer Kenntnis keinen großen Nutzen ziehen, weil **B** sich bei seiner Entscheidung auf die von **A** zuvor getroffene Wahl einstellen kann. Daher war es auch nicht klug von **A**, dem Angebot von **B** zuzustimmen, da **B** schon vor Beginn des Spiels den Vorteil hatte, auf die jeweilige Wahl von **A** zu reagieren. Deshalb kann dieses Spiel auch nicht als fair betrachtet werden.

Das Spiel ist nur dann fair, wenn beide Spieler keine Kenntnisse über die auftretenden Wahrscheinlichkeiten haben.

Die Ursache für die Entstehung des Paradoxons besteht darin, dass von einer größeren Menge von Optionen auf eine grössere Wahrscheinlichkeit des Sieges geschlossen wird. Prämissen:

- Mehr Optionen sind besser als wenige Optionen.

- Spieler **A** hat mehr Optionen.

Konklusion:

Wenn Spieler **A** mehr Optionen hat, dann hat er bessere Chancen.

Da die 1. Prämisse falsch ist, ist die Konklusion auch falsch.

Der Irrtum beruht darauf, dass wir mit unserem Alltagsverstand bei quantifizierenden Relationen Transitivität erwarten.

3 Das Paradoxon des Auswählens - Das Sekretärinnenproblem

Es gibt viele Situationen, in denen man aus Personen oder Dingen die oder das Beste auswählen muss. Sofern man nach der Begutachtung der Gesamtheit wählen kann, stellt dies kein Problem dar. Es kommt jedoch auch häufig vor, dass nacheinander beurteilt sowie sofort entweder gewählt oder abgelehnt werden muss und man die Wahl bzw. Ablehnung auch nicht mehr rückgängig machen kann. Dies ist z.B. bei der Wahl eines Ehepartners der Fall (denn einmal abgelehnt steht er nur noch in den seltensten Fällen zur Verfügung), bei der Wahl eines Zeitpunkts für den Verkauf von Aktien und bei sonstigen Kauf- bzw. Verkaufsentscheidungen.

3.1 Formulierung des Problems

Als Beispiel für ein Paradoxon des Auswählens wird hier das „Sekretärinnenproblem", das eines der bekanntesten Probleme der Stochastik ist, analysiert. Dabei wird davon ausgegangen, dass eine Firma aus einer festen Zahl N von Bewerberinnen unterschiedlicher Qualität die bestmögliche Sekretärin ermitteln möchte. Diese Entscheidung muss jedoch sofort nach dem Vorstellungsgespräch getroffen werden, wobei auf eine einmal abgelehnte Bewerberin nicht mehr zurückgegriffen werden kann. Es wird dabei davon ausgegangen, dass die Bewerberinnen sich in rein zufälliger Reihenfolge vorstellen. Man fragt sich nun, wie man die beste Bewerberin aussuchen soll, wenn jede nur mit den vorhergehenden verglichen werden kann. Wählt man z.B. immer die sechste, so ist die Chance die optimale Sekretärin zu wählen gleich $\frac{1}{N}$. Mit wachsendem N strebt $\frac{1}{N}$ aber gegen 0. Also ist diese Methode zu verwerfen. Man vermutet nun, dass es für diese Situationen keine Strategie gibt und man sich daher alleine auf seine Intuition verlassen sollte. Paradoxerweise gibt es jedoch für die Optimierung der Auswahl der besten Bewerberin eine Methode, mit der man sogar für große Werte von N das Optimum mit einer relativ hohen Wahrscheinlichkeit erreichen kann.

3.2 Mathematische Grundlagen

Zur Lösung des Sekretärinnenproblems werden einige wichtige Begriffe bzw. Definitionen aus dem Bereich der Martingaltheorie benötigt, die nun näher aufgeführt werden. Wir betrachten im Folgenden stets einen Wahrscheinlichkeitsraum $(\Omega, \mathcal{A}, \mathbb{P})$ und setzen die Existenz der entsprechenden Erwartungswerte voraus.

Definition 3.1:
Sei $I \neq \emptyset$ eine beliebige Indexmenge.

a) *Eine Familie von Zufallsvariablen $(X_n)_{n \in I}$ auf $(\Omega, \mathcal{A}, \mathbb{P})$ heißt* **stochastischer Prozess** *($I \subset \mathbb{R}$).*

b) *Eine Familie $(\mathcal{F}_n)_{n \in I}$ von Sub-σ-Algebren $\mathcal{F}_n \subset \mathcal{A}$ heißt* **Filtration**, *falls $\mathcal{F}_s \subseteq \mathcal{F}_n$ für alle $s < n$.*

c) *Ein stochastischer Prozess $(X_n)_{n \in I}$ heißt $(\mathcal{F}_n)_{n \in I}$-**adaptiert**, falls X_n $\mathcal{F}_n$-messbar $\forall n \in I$.*

Ist $\mathcal{F}_n = \sigma(X_1, \ldots, X_n)$ die von den Zufallsvariablen $X_1, \ldots, X_n$ erzeugte σ-Algebra, so spricht man von der **natürlichen Filtration**. Also beschreibt $\mathcal{F}_n$ die bei Beobachtung von $X_1, \ldots, X_n$ zum Zeitpunkt n vorliegende Information.

Definition 3.2:
Gegeben sei eine Filtration $(\mathcal{F}_n)_{n \in I}$ und ein dazu adaptierter stochastischer Prozess $(X_n)_{n \in I}$. Ist $\mathbb{E}|X_n| < \infty$ $\forall n \in I \subset \mathbb{R}$, so heißt $(X_n)_{n \in I}$ ein **Martingal**, *falls $\mathbb{E}\left[X_n | \mathcal{F}_s\right] = X_s$ für alle $s < n$ $\mathbb{P}-$fast-sicher.*
(X_n) heißt **Supermartingal**, *falls $\mathbb{E}\left[X_n | \mathcal{F}_s\right] \leq X_s$.*
(X_n) heißt **Submartingal**, *falls $\mathbb{E}\left[X_n | \mathcal{F}_s\right] \geq X_s$.*

Stoppzeiten sind „Zufallszeiten" mit einer speziellen Struktur. Wir betrachten sie nur im Rahmen diskreter Zeit:

Definition 3.3:
Zu einer gegebenen Filtration $(\mathcal{F}_n)_{n \in \mathbb{N}_0}$ in $\mathcal{A}$ definiere man

$$\bigvee_n \mathcal{F}_n := \sigma(\bigcup_{n \in \mathbb{N}_0} \mathcal{F}_n) \, .$$

a) Eine Abbildung $\tau : \Omega \to \mathbb{N}_0 \cup \{\infty\}$ heißt $(\mathcal{F}_n)$-**Stoppzeit**, falls gilt

$$\{\tau \leq n\} \in \mathcal{F}_n \; \forall n \in \mathbb{N}_0 .$$

b) Ist τ eine $(\mathcal{F}_n)$-Stoppzeit, so heißt

$$\mathcal{F}_\tau := \{A \in \bigvee_n \mathcal{F}_n \; : \; A \cap \{\tau \leq n\} \in \mathcal{F}_n \text{ für jedes } n \in \mathbb{N}_0\}$$

σ-**Algebra der Vergangenheit** bis zur Zeit τ.

Eine $(\mathcal{F}_n)$-Stoppzeit τ ist also eine zufällige Zeit, über die ein Beobachter mit Kenntnisstand $\mathcal{F}_n$ zur Zeit n stets sagen kann, ob diese bereits eingetreten ist oder nicht.

Definition 3.4:
Sei $X = (X_n)_{n \in \mathbb{N}_0}$ ein adaptierter stochastischer Prozess und τ Stoppzeit. Dann ist der Zustand von X zum Zeitpunkt τ

$$X_\tau := \sum_{n \in \mathbb{N}_0} X_n \mathbb{1}_{\{\tau = n\}}$$

eine $\mathcal{F}_\tau$-meßbare Zufallsvariable $\Omega \to \mathbb{R}$.

Definition 3.5:
Der stochastische Prozess $Z = (Z_n)_{n=0,\ldots,N}$ rückwärts definiert durch

$$Z_N := X_N \qquad\qquad , \quad wenn \; n = N$$
$$Z_n := \max\{X_n, \; \mathbb{E}[Z_{n+1}|\mathcal{F}_n]\}, \quad für \; n = N-1, N-2, \ldots$$

heißt **Snell envelope** bzw. **Snell-Einhüllende** von (X_n).

Satz 3.6:
Für $\tau^* := \inf\{n \geq 0 : Z_n = X_n\}$ gilt :

a) τ^* ist eine Stoppzeit.

b) Der gestoppte Prozess $(Z_{\min\{n,\tau^*\}}, \; n = 0, \ldots, N)$ ist ein Martingal.

c) τ^* löst das Stoppproblem $\sup_\tau \mathbb{E}(X_\tau)$ und es gilt $\mathbb{E}(X_{\tau^*}) = \sup_\tau \mathbb{E}(X_\tau)$.

Beweis. vgl. [12], Satz 7.35 und Satz 7.36. □

3.3 Mathematische Lösung des Problems

N Bewerberinnen kommen nacheinander zu einem Vorstellungsgespräch, wobei sofort nach jedem Bewerbungsgespräch entschieden werden muss, ob die Bewerberin die Stelle bekommt.

Annahme: Die Bewerberinnen erscheinen in beliebiger Reihenfolge (N! mögliche Reihenfolgen) und können zeitlich linear angeordnet werden.

Frage: Durch welche Strategie kann die Wahrscheinlichkeit, die beste Bewerberin einzustellen, maximiert werden?

Seien für $n \in I = \{1, \ldots, N\}$

- A_n = absoluter Rang der n-ten Bewerberin unter allen N.
- R_n = relativer Rang der n-ten Bewerberin unter den ersten n.
  $R_n = \{1 \leq m \leq n \mid A_m \leq A_n\}$.

Offensichtlich liegt zwischen den A-Werten und den R-Werten eine Bijektion vor.
Es gilt somit $\forall \; r_1, \ldots, r_N \in R = \{R_1, \ldots, R_N\}, 1 \leq r_i \leq i, 1 \leq i \leq N$:

$$\mathbb{P}(R_1 = r_1, \ldots, R_N = r_N) = \frac{1}{N!}$$

Man bestimmt die Randverteilungen:

$$\mathbb{P}(R_n = l) = \frac{1}{n} \quad \text{für } l = 1, \ldots, n \;\; \forall \; n \in I$$

und $R_1, \ldots, R_N$ sind unabhängig.
Sei

$$\overline{X}_n := \left\{ \begin{array}{ll} 1, & \text{falls } A_n = 1 \\ 0, & \text{sonst} \end{array} \right\} = \mathbb{1}_{\{1\}}(A_n)$$

und sei $\mathcal{F}_n = \sigma(R_1, \ldots, R_n)$ die natürliche Filtration.
Außerdem sei $(X_n)_{n \in I}$ ein dazu adaptierter stochastischer Prozess und $X_n = \mathbb{E}\left[\overline{X}_n | \mathcal{F}_n\right]$.
$(X_n)_{n \in I}$ ist also ein Martingal.

Ziel: Die Wahrscheinlichkeit von $\mathbb{P}(\overline{X}_\tau = 1)$ maximieren. Es gilt:

$$
\begin{aligned}
\mathbb{P}(\overline{X}_\tau = 1) &= \sum_{n=1}^{N} \mathbb{P}(\overline{X}_n = 1, \tau = n) = \sum_{n=1}^{N} \mathbb{E}\mathbb{1}_{[\tau=n, \overline{X}_n=1]} \\
&= \sum_{n=1}^{N} \int \mathbb{1}_{[\tau=n, \overline{X}_n=1]} \, d\mathbb{P} = \sum_{n=1}^{N} \int_{\tau=n} \overline{X}_n \, d\mathbb{P} \\
&= \sum_{n=1}^{N} \int_{\tau=n} \mathbb{E}[\overline{X}_n | \mathcal{F}_n] d\mathbb{P} \overset{V.or.}{=} \sum_{n=1}^{N} \int_{\tau=n} X_n \, d\mathbb{P} \\
&= \sum_{n=1}^{N} \int X_n \mathbb{1}_{\{\tau=n\}} d\mathbb{P} = \sum_{n=1}^{N} \mathbb{E}(X_n \mathbb{1}_{\{\tau=n\}}) \\
&= \mathbb{E}X_\tau
\end{aligned}
$$

Also muss $\mathbb{E}X_\tau$ maximiert werden. Dafür bestimmen wir zunächst die Wahrscheinlichkeit, dass die n-te Bewerberin die absolut Beste unter allen N Bewerberinnen ist, unter der Bedingung, dass sie die Beste unter den ersten n Bewerberinnen ist:

$$
\begin{aligned}
&\mathbb{P}(A_n = 1 | R_1 = r_1, \ldots, R_{n-1} = r_{n-1}, R_n = 1) \\
&= \frac{\mathbb{P}(A_n = 1) \cap \mathbb{P}(R_1 = r_1, \ldots, R_{n-1} = r_{n-1}, R_n = 1)}{\mathbb{P}(R_1 = r_1, \ldots, R_{n-1} = r_{n-1}, R_n = 1)} \\
&= \frac{\mathbb{P}(R_1 = r_1, \ldots, R_{n-1} = r_{n-1}, A_n = 1)}{\mathbb{P}(R_1 = r_1, \ldots, R_{n-1} = r_{n-1}, R_n = 1)} = \frac{\frac{n}{N} \cdot \frac{1}{n!}}{\frac{1}{n!}} = \frac{n}{N},
\end{aligned}
$$

wobei

$$
\begin{aligned}
&\mathbb{P}(R_1 = r_1, \ldots, R_{n-1} = r_{n-1}, A_n = 1) \\
&= \mathbb{P}(R_1 = r_1, \ldots, R_{n-1} = r_{n-1}, R_n = 1, R_{n+1} > 1, \ldots, R_N > 1) \\
&= \frac{1}{N!} \cdot 1 \cdot \ldots \cdot 1 \cdot n \cdot (n+1) \cdot \ldots \cdot (N-1) \\
&= \frac{n \cdot (n+1) \cdot \ldots \cdot (N-1)}{n! \cdot (n+1) \cdot \ldots \cdot (N-1) \cdot N} = \frac{n}{N} \cdot \frac{1}{n!}.
\end{aligned}
$$

Daraus lässt sich folgern:

$$\begin{aligned}
X_n &= \mathbb{E}[\overline{X}_n | \mathcal{F}_n] \\
&= \mathbb{E}[\mathbb{1}_{\{1\}}(A_n) | \mathcal{F}_n] \\
&= \mathbb{P}(A_n = 1 | R_1 = r_1, \ldots, R_{n-1} = r_{n-1}, R_n = r_n) \\
&= \begin{cases} \frac{n}{N}, & \text{falls } R_n = 1 \\ 0, & \text{sonst} \end{cases} = \frac{n}{N} \cdot \mathbb{1}_{\{1\}}(R_n) \ (*)
\end{aligned}$$

Behauptung: Es existiert eine monoton fallende Folge $(c_n)_{n=1,\ldots,N} \subset \mathbb{R}$ mit $c_N = \frac{1}{N}$ und $\mathbb{E}[Z_n | \mathcal{F}_{n-1}] \equiv c_n$ für $n = 1, \ldots, N$, wobei der Prozess $Z = (Z_n)_{n=1,\ldots,N}$ die Snell-Einhüllende von X_n ist.

Beweis. durch Rückwärtsinduktion:

n = N:

$$\mathbb{E}[Z_N | \mathcal{F}_{N-1}] \overset{Z_N = X_N}{=} \mathbb{E}[X_N | \mathcal{F}_{N-1}] = \mathbb{E}[\mathbb{E}[\overline{X}_N | \mathcal{F}_N] | \mathcal{F}_{N-1}] = \mathbb{E}[\mathbb{E}[\mathbb{1}_{\{1\}}(A_N) | \mathcal{F}_N] | \mathcal{F}_{N-1}]$$

$$\overset{A_N = R_N}{=} \mathbb{E}[\mathbb{E}[\mathbb{1}_{\{1\}}(R_N) | \mathcal{F}_N] | \mathcal{F}_{N-1}] = \mathbb{E}[\mathbb{1}_{\{1\}}(R_N) | \mathcal{F}_{N-1}]$$

$$= \mathbb{P}(R_N = 1 | \mathcal{F}_{N-1}) \overset{R_N, \mathcal{F}_N \text{unabh.}}{=} \mathbb{P}(R_N = 1) \overset{s.o.}{=} \frac{1}{N} = c_N$$

n + 1 ⤳ n:

$$\begin{aligned}
\mathbb{E}[Z_n | \mathcal{F}_{n-1}] &= \mathbb{E}[\max\{X_n, \mathbb{E}[Z_{n+1} | \mathcal{F}_n]\} | \mathcal{F}_{n-1}] \\
&\overset{(*)}{=} \mathbb{E}[\max\{\frac{n}{N} \cdot \mathbb{1}_{\{1\}}(R_n), c_{n+1}\} | \mathcal{F}_{n-1}] \\
&\overset{(1)}{=} \mathbb{E}[\mathbb{1}_{\{1\}}(R_n) \cdot \max\{\frac{n}{N}, c_{n+1}\} + (1 - \mathbb{1}_{\{1\}}(R_n))c_{n+1} | \mathcal{F}_{n-1}] \\
&\overset{R_n, \mathcal{F}_{n-1} \text{ unabh.}}{=} \mathbb{E}(\mathbb{1}_{\{1\}}(R_n)) \cdot \max\{\frac{n}{N}, c_{n+1}\} + \underbrace{\mathbb{E}(1 - \mathbb{1}_{\{1\}}(R_n))}_{1 - \mathbb{P}(R_n = 1)} \cdot c_{n+1} \\
&= \mathbb{P}(R_n = 1) \cdot \max\{\frac{n}{N}, c_{n+1}\} + (1 - \mathbb{P}(R_n = 1)) \cdot c_{n+1} \\
&= \frac{1}{n} \max\{\frac{n}{N}, c_{n+1}\} + (1 - \frac{1}{n}) \cdot c_{n+1}
\end{aligned}$$

$$\Rightarrow c_n = c_{n+1} + \underbrace{\max\{\frac{1}{N}, \frac{c_{n+1}}{n}\} - \frac{c_{n+1}}{n}}_{\geq 0}$$

$$\Rightarrow c_n \geq c_{n+1} \qquad \qquad \square$$

---

[1]**Fallunterscheidung:** a) $\mathbb{1}_{\{1\}}(R_n) = 1 \Rightarrow \max\{\frac{n}{N}, c_{n+1}\}$
b) $\mathbb{1}_{\{1\}}(R_n) = 0 \Rightarrow \max\{0, c_{n+1}\} = c_{n+1}$, da $c_{n+1} > 0$

Nun wird nach Satz 3.6 eine Stoppregel definiert, wobei $\tau^* := \inf\{n \mid Z_n = X_n\}$ $= \min\{n \mid X_n = Z_n\}$ die Stoppzeit ist:

- Gestoppt wird vor N nur, wenn $R_n = 1$.

- Die Werte $X_n \neq 0$ sind wachsend.

- Die Werte $\mathbb{E}[Z_{n+1}|\mathcal{F}_n] = c_{n+1}$ sind fallend.

- Stoppe beim kleinsten $n \in \{1, \ldots, N-1\}$ für das gilt:

$$
\begin{aligned}
\tau^* &= \min\{1 \leq n \leq N-1 \mid X_n = Z_n\} \wedge N \\
&= \min\{1 \leq n \leq N-1 \mid X_n \geq \mathbb{E}(Z_{n+1}|\mathcal{F}_n) = c_{n+1}\} \wedge N \\
&= \min\{1 \leq n \leq N-1 \mid \frac{n}{N} \geq c_{n+1}, R_n = 1\} \wedge N \\
&= \min\{n \geq k_N \mid R_n = 1\} \wedge N
\end{aligned}
$$

Die Stoppregel besagt also, dass man zunächst k_N Bewerberinnen ablehnt und danach bei der Bewerberin stoppt, die besser ist als die Beste unter den k_N Bewerberinnen ($R_n = 1$). Wenn niemand besser ist, wählt man die letzte Bewerberin.

Nun muss k_N noch bestimmt werden:

Sei also $\tau_k := \inf\{n \geq k \mid R_n = 1\} \wedge N$.

Dann ist k_N der k-Wert, bei dem $\mathbb{E}X_{\tau_k}$ maximal ist.

Dafür bestimmen wir zunächst $\mathbb{E}X_{\tau_k}$:

$$
\begin{aligned}
\mathbb{E}X_{\tau_k} &= \sum_{l=k}^{N} \mathbb{E}[X_l \cdot \mathbb{1}_{\{l\}}(\tau_k)] = \sum_{l=k}^{N} \mathbb{E}(X_l) \cdot \mathbb{E}(\mathbb{1}_{\{\tau_k=l\}}) \\
&= \sum_{l=k}^{N} \mathbb{E}(X_l) \cdot \mathbb{P}(\tau_k = l) = \sum_{l=k}^{N} \frac{l}{N} \mathbb{P}(R_m > 1 \text{ für } m = k, \ldots, l-1, R_l = 1) \\
&\overset{unabh.}{=} \sum_{l=k}^{N} \frac{l}{N} \cdot (\mathbb{P}(R_k > 1) \cdot \mathbb{P}(R_{k+1} > 1) \cdot \ldots \cdot \mathbb{P}(R_{l-1} > 1)) \cdot \mathbb{P}(R_l = 1) \\
&= \sum_{l=k}^{N} \frac{l}{N} (\underbrace{\prod_{m=k}^{l-1} \frac{m-1}{m}}_{\mathbb{P}(R_m>1)}) \cdot \underbrace{\frac{1}{l}}_{\mathbb{P}(R_l=1)} \overset{Teleskopprod.}{=} \sum_{l=k}^{N} \frac{1}{N} \cdot (\frac{k-1}{l-1}) \\
&= \frac{k-1}{N} \sum_{l=k}^{N} \frac{1}{l-1}
\end{aligned}
$$

Daraus ergibt sich eine Funktion, die die Erfolgswahrscheinlichkeit für die Strategie k angibt:

$$\phi_N(k) := \frac{k-1}{N} \sum_{l=k}^{N} \frac{1}{l-1}$$

Wir suchen nun den k-Wert, für den $\phi_N(k)$ maximal wird:

Gemäß Ferguson (siehe [5], S. 283) lässt sich die Funktion $\phi_N(k)$ auch als Riemann-Summe schreiben und daher durch ein einfaches Integral approximieren.

Dazu sei $\lim_{N\to\infty} \frac{k}{N} = x$ Grenzwert. Setzt man $\lim_{N\to\infty} \frac{l}{N} = t$ sowie $dt = \frac{1}{N}$ erhält man für $1 < k \leq N$:

$$\lim_{N\to\infty} \phi_N(k) = \lim_{N\to\infty} \frac{k-1}{N} \sum_{l=k}^{N} \frac{1}{l-1} = \lim_{N\to\infty} \frac{k-1}{N} \sum_{l=k-1}^{N-1} \frac{1}{l}$$

$$= \lim_{N\to\infty} \frac{k-1}{N} \sum_{l=k-1}^{N-1} \frac{N}{l} \frac{1}{N} \approx x \int_{x}^{1} \frac{1}{t} dt = -x \cdot \ln(x)$$

Das Maximum nimmt dieser Näherungsausdruck dort an, wo die Ableitung gleich 0 ist, wodurch sich dann der k-Wert, bei dem $\mathbb{E}X_{\tau_k}$ maximal ist, ergibt:

$$\frac{d}{dx}(-x \cdot \ln(x)) = -\ln(x) - 1 = 0$$

$$\Leftrightarrow x = \lim_{N\to\infty} \frac{k}{N} = \frac{1}{e} \approx 0,37$$

$$\Rightarrow k \approx \frac{N}{e}$$

Einsetzen von x in den Näherungsausdruck von $\phi_N(k)$ ergibt die dazugehörige optimale Wahrscheinlichkeit:

$$\phi(\frac{1}{e}) = \frac{1}{e} \approx 0,37$$

Die folgende Tabelle (Tabelle 2) zeigt die Werte der optimalen Strategie k, die $\phi_N(k)$ maximieren, das Verhältnis von k zu N sowie die optimalen Wahrscheinlichkeiten $\phi_N(k)$ die beste Bewerberin zu wählen für $N \in \{3, 4, ..., 20\}$:

Bewerberanzahl N	opt. Strategie k	k/N	opt. Wkt. $\phi_N(k)$
3	2	0.6667	0.5000
4	2	0.5000	0.4853
5	3	0.6000	0.4333
6	3	0.5000	0.4278
7	3	0.4286	0.4143
8	4	0.5000	0.4098
9	4	0.4444	0.4060
10	4	0.4000	0.3987
11	5	0.4545	0.3984
12	5	0.4167	0.3955
13	6	0.4615	0.3923
14	6	0.4286	0.3917
15	6	0.4000	0.3894
16	7	0.4375	0.3881
17	7	0.4118	0.3873
18	7	0.3889	0.3854
19	8	0.4211	0.3850
20	8	0.4000	0.3842
$\vdots$	$\vdots$	$\vdots$	$\vdots$
∞	N/e	0.36787	0.36787

Tabelle 2

Wie erwartet steigen die Werte der optimalen Strategie k und fallen die Werte der optimalen Wahrscheinlichkeit $\phi_N(k)$ für $N \to \infty$. Außerdem bestätigen die Werte der Tabelle die vorausgehenden Berechnungen, die besagen, dass sowohl die Wahrscheinlichkeit $\phi_N(k)$ als auch das Verhältnis k/N gegen $1/e$ konvergieren.

Ergebnis:

Die beste Strategie bei einem großen Bewerberkreis N ist also, die ersten 37% der Bewerberinnen ($\approx \frac{N}{e}$) abzulehnen und dann die erste zu nehmen, die besser als alle vorangegangenen ist. Wenn niemand besser ist, wählt man die letzte Bewerberin. Diese Strategie maximiert die Wahrscheinlichkeit die beste Bewerberin auszuwählen. Sie beträgt annähernd 37%, wie groß N auch sein mag.

Die Strategie versagt jedoch, falls

1. die beste Bewerberin bereits unter den ersten k Bewerberinnen war.

2. nach der k-ten Bewerberin und vor der besten Bewerberin eine Bewerberin kommt, die besser ist als alle Bewerberinnen unter der ersten k Bewerberinnen.

3.4 Ausblick

In Bezug auf die Einstellung einer Sekretärin ist die dargestellte Strategie zur Ermittlung des Optimums eher nicht relevant, da die Entscheidung über die Auswahl der Bewerber meist erst nach einer ganzen Reihe von Vorstellungsgesprächen getroffen wird. Eine weitere Schwäche dieser Strategie ist, dass die Lösung des Sekretärinnenproblems daraufhin optimiert ist, die beste Bewerberin zu wählen, wofür jedoch eine relativ hohe Wahrscheinlichkeit von $p = (k-1)/N \approx 1/e$ in Kauf genommen wird, die letzte Bewerberin nehmen zu müssen. Es gibt jedoch eine Vielzahl anderer Situationen, in der diese Optimierungsstrategie eingesetzt werden kann, z.B. in der Finanzmathematik, um den optimalen Zeitpunkt für den Verkauf von Aktien zu ermitteln. Dabei müssen folgende Vorraussetzungen (Prämissen) erfüllt sein:

Man kennt entweder die Zahl der Personen bzw. Dinge oder den Zeitraum, in dem gewählt werden soll. Es ist also ein begrenzter Bezugsrahmen erforderlich. Falls dieser nicht vorhanden ist, modelliert man - falls sinnvoll und möglich - die Situation so, dass dieser begrenzte Bezugsrahmen entsteht. Durch dieses Verfahren lässt sich sogar der ideale Zeitpunkt der Partnerwahl bestimmen. Dazu setzt man voraus, dass die Partnerwahl zwischen dem Alter von 18 und 40 Jahren vollzogen wird. Der zeitliche Bezugsrahmen erstreckt sich also auf $N = 22$ Jahre. Auf diese Weise erhält man die folgende Gleichung:

$$18 + \tfrac{N}{e} = 18 + e^{-1} \cdot 22 = 26$$

Folglich ist die Wahrscheinlichkeit die beste Partnerwahl zu treffen dann am höchsten, wenn man bis zum Alter von 26 Jahren alle möglichen Partner einer Begutachtung unterzieht, sich den/die Beste(n) merkt und danach den nächsten Partner wählt, der diesen noch übertrifft.

Fazit und Ausblick

Die vorliegende Arbeit beschäftigt sich mit einem winzigen Ausschnitt aus der ungeheuren Vielfalt stochastischer Paradoxien. Sie soll einen kleinen Beitrag dazu leisten, bewusst zu machen, dass Paradoxien trotz - oder gerade wegen - ihres spielerischen Charakters nicht so belanglos sind, wie sie manchmal erscheinen, denn sie führen uns an die Grenzen menschlichen Denkens und menschlicher Wahrnehmungsfähigkeit. Außerdem schärfen sie den Blick für die Notwendigkeit genauer Definitionen, führen zur Verfeinerung mathematischer Konzepte, stellen Theorien in Frage und liefern Lösungen für scheinbar unlösbare Probleme.

So trägt die Auseinandersetzung mit dem ersten Münzparadoxon dazu bei, die genaue Definition mathematischer Größen während des gesamten Prozesses der Analyse im Auge zu behalten. Das zweite Münzparadoxon verdeutlicht, dass sich Alltagsweisheiten wie „Der Erste hat die besten Optionen" nicht umbedingt auf die Stochastik übertragen lassen. Hier erweist sich der relativ unbekannte Conway-Algorithmus als rationelles Verfahren zur Berechnung der Gewinnwahrscheinlichkeiten und damit zur Auflösung der Paradoxie. Im Weiteren ließe sich auch noch nachweisen, dass es zu jedem n-gliedrigen Muster ein anderes n-gliedriges Muster gibt, das sich mit relativ hoher Wahrscheinlichkeit früher in einer Serie ergibt. Dies würde jedoch den Rahmen dieser Arbeit sprengen.

Die im Sekretärinnenproblem geschilderte Situation entspricht zwar nicht der Realität, jedoch stellt die zur Auflösung der Paradoxie verwendete 1/e-Regel eine optimale Strategie dar, die sich auch auf viele andere Situationen anwenden lässt. Außerdem gibt es viele Modifikationen dieses Problems, z.B. kann die Zahl der Bewerber unbekannt, ein Rückruf möglich oder zwei Entscheider vorhanden sein. Darüber hinaus zeigt das „Paradoxon der Auswahl", dass man sich von Problemen, für die es scheinbar keine Lösung gibt, nicht abschrecken lassen, sondern sich intensiv um eine mathematische Lösung bemühen sollte.

Insbesondere stochastische Paradoxien lösen sich oft schon dann auf, wenn die Situation exakt analysiert wird. Da stochastische Probleme oft nicht vollständig intuitiv erfassbar sind, kann es vorkommen, dass der scheinbare Widerspruch einer Paradoxie zwar durch ein mathematisches Verfahren aufgelöst, dies jedoch mit dem Verstand letztlich immer noch nicht nachvollziehbar ist. Hier hilft nur Geduld und wiederholtes Durchdenken des Problems, was schließlich zur Schärfung des mathematischen Denkens führt. Dies zeigt sich zum Beispiel bei dem bekannten „Monty-Hall-Problem", dessen Lösung die meisten Menschen erst dann akzeptieren, wenn sie sie mehrfach durchdacht und außerdem anhand einer Computersimulation vorgeführt bekommen haben. So liegt in der Stochastik, die Schwierigkeit meist nicht in der Berechnung, sondern darin, dass deren Ergebnisse oft nicht berücksichtigt werden, weil sie der Intuition stark zuwiderlaufen. Die Beschäftigung mit den hier untersuchten Paradoxien macht deutlich, dass

- stillschweigende Voraussetzungen geklärt werden müssen,

- Prämissen, mathematische Größen und Aussagen genau definiert werden müssen,

- Verallgemeinerungen riskant sind,

- zwischen transitiven und intransitiven Relationen unterschieden werden muss,

- sorgfältiges Denken und Prüfen der Sachverhalte erforderlich ist,

- auf eine genaue Modellierung des Problems zu achten ist,

- unsere Intuition fehlbar ist,

- Alltagsverstand nicht auf mathematische Probleme angewendet werden darf und

- Menschen fehlbar sind.

Die Auseinandersetzung mit Paradoxien bietet viele Vorteile. So bringt sie Widersprüche und Probleme ans Licht, zwingt zum Perspektivwechsel und führt so zur Entwicklung neuer Theorien. Manche Wissenschaftler gehen sogar davon aus, dass nur eine am Anfang paradox erscheinende Theorie etwas Neues beinhalten kann. Allerdings verunsichern Paradoxien, und dies ist gut so. Denn dies zwingt dazu, alte Denkgewohnheiten, Bezugssysteme und Theorien aufzugeben, wodurch umwälzende Veränderungen in der Wissenschaft erst ermöglicht werden.

Literatur

[1] BÄUERLE, Nicole: *Stochastik II.* Karlsruher Institut für Technologie (KIT) : Vorlesungsskript, WS 2006/07

[2] CHOW, Yuan S. ; ROBBINS, Herbert ; SIEGMUND, David: *Great Expectations: The Theory of Optimal Stopping.* Boston : Houghton Mifflin, 1971

[3] COLLINGS, Stanley: Coin Sequence Probabilities. In: *Bulletin of the Institute of Mathematics and its Applications* 18 (1982), S. 227 – 232

[4] DIETZ, Matthias: *Stochastische Paradoxien und ihre Bedeutung für das Unterrichten von Mathematik.* 1. Aufl. München : GRIN, 2008

[5] FERGUSON, Thomas S.: Who Solved the Secretary Problem? In: *Statistical Science* 4 (1989), Nr. 3, S. 282 – 289

[6] FREIBERG, Uta: *Stochastik I + II.* Universität Siegen : Vorlesungsskript, WS 2010/11 und SS 2011

[7] HENZE, H.: Muster in Bernoulli-Ketten. In: *Stochastik in der Schule* 21 (2001), S. 2 – 10

[8] HUMENBERGER, Hans: Ein Paradoxon bei Münzwurfserien und bedingte Erwartungswerte. In: *Stochastik in der Schule* 1 (1998)

[9] HUMENBERGER, Hans: Kopf - Adler - Muster in Münzwurfserien, unendliche Reihen und Fibonacci - Zahlen. In: *Stochastik in der Schule* 3 (2000), S. 5 – 22

[10] KANNETZKY, Frank: Stichwort ‚Paradox/Paradoxie'. In: SANDKÜHLER, H.-J. (Hrsg.): *Enzyklopädie der Philosophie.* Hamburg : Meiner, 1999, S. 990 – 994

[11] LI, S. Y. R.: A Martingale Approach to the Study of Occurence of Sequence Patterns in Repeated Experiments. In: *The Annals of Probability* 8 (1980), S. 1171 – 1176

[12] MÜLLER, Alfred: *Risikotheorie und Grundlagen der Finanzmathematik.* Universität Siegen : Vorlesungsskript, WS 2011/12

[13] SAINSBURY, R. M.: *Paradoxien.* Stuttgart : Reclam, 2010

[14] SZÉKELY, Gábor J.: *Paradoxa. Klassische und neue Überraschungen aus Wahrscheinlichkeitsrechnung und mathematischer Statistik.* Frankfurt am Main : Harri Deutsch, 1990

[15] VOLLMER, G.: Paradoxien und Antinomien. In: *Naturwissenschaften 77* (1990), S. 49 – 66

[16] WINTER, H.: Zur intuitiven Aufklärung probabilistischer Paradoxien. In: *Journal für Mathematik-Didaktik* (1992), Nr. 13, S. 23 – 53